Pazuino con el Microcontrolador Mega 8535

Héctor Manuel Paz Rodríguez

Agosto 2017

Tarjeta Didáctica de Adquisición de Datos "Pazuino"

1. Introducción

La tarjeta didáctica para microcontroladores "PAZUINO", es un material didáctico desarrollado con la finalidad de facilitar el desarrollo de sus prácticas, a los alumnos de ESCOM. Tanto para la asignatura de INTRODUCCION A LOS MICROCONTROLADORES como para INSTRUMENTACIÓN e inclusive para desarrollar algún Trabajo Terminal.

Para la elección de la Pazuino se tomaron en consideración las siguientes familias: AVR de ATMEL y PIC de Microchip cuya popularidad es alta entre diseñadores de sistemas embebidos que requieren un rendimiento alto y bajo costo en el mercado actual.

En la Tabla 1 se muestra una comparativa de ambas familias.

Indicadores	AVR	PIC
Lenguaje de programación, e IDE	Se pueden encontrar compiladores de lenguaje C, C++, Basic, esto para no tener que aprender ensamblador y trabajar en un lenguaje que el usuario domine. Proporciona un IDE completo para los lenguajes antes mencionados, como AVRstudio.	Se pueden encontrar compiladores de lenguaje C, C++, Basic, con un costo adicional. Entre los IDEs más usados están: MPLAB, PICSIMULATOR, PICBASIC, PIC C.

Indicadores	AVR	PIC
Interfaces de Programación.	■ Dispone de un periférico específico para la programación de su memoria, el puerto ISP, el cual es un puerto serial formado por 3 pines del μc. ■ Diferentes opciones para el hardware programador como puertos del PC, es decir existen un programador por puerto paralelo, un programador USB, un programador serial	■ Disponen de un puerto para programación serial, la programación se realiza a alto voltaje, mayor a 5V DC, lo que hace necesario el uso de circuitos externos para la conversión de niveles, por lo que incrementa la complejidad de circuito programador. ■ entre los programadores de PIC más populares se encuentran el JDM, NPPP, PICmicro, Pickit.
Características Adicionales	Consumo de energía: ■ Moderado Configuración para el uso de un reloj interno o externo.	Consumo de energía: ■ Elevado Configuración solo para un reloj externo.

Tabla 2.1: Tabla comparativa AVR vs PIC

2. Requisitos del Sistema

La tarjeta didáctica puede trabajar bajo plataformas:

- **Windows XP**
- **Windows 7**
- **Windows 8**
- **Linux**

Los requisitos mínimos para el equipo de cómputo son:

- Windows XP o superior.
- 1 Gbyte de memoria RAM.
- Procesador de 1,3 GHz o superior.
- 100 Mbytes de espacio en disco duro.
- AVR studio 4 o superior instalado.

3.- Lista de Componentes

En la tabla 2.2 se muestra la lista de los componentes necesarios para el armado de la tarjeta Pazuino.

Material	Cantidad
ATMEGA8535-16PU	1
MAX232	1
LEDS MINI 3MM	8
LED 5MM	1
CAPACITOR ELECTROLITICO 22µf (22/10V)	4
CAPACITOR ELECTROLITICO 100µf (100/16V)	1
CAPACITOR ELECTROLITICO 10µf (10/50V)	1
CRISTAL OSCILADOR 12MHz	1
MINIDIP 8BITS (torneadas)	1
CAPACITOR CERAMICO 0.01uf	1
CAPACITOR CERAMICO 22 pf	2
BASE 40 PINES (torneadas)	1
BASE 16 PINES (torneadas)	1
RESISTENCIAS DE 68 OHMS A 1/4W	2
RESISTENCIAS DE 100 OHMS A 1/4W	1
RESISTENCIAS DE 10 KOHMS A 1/4W	1
RESISTENCIAS DE 1.5 KOHMS A 1/4W	1
RESISTENCIAS DE 220 OHMS A 1/4W	9
TIRA DE HEADERS HEMBRA 1 FILA RECTO (tornedas)	1
TIRA DE HEADERS MACHO 1 FILA	1
CONECTOR DB-9 HEMBRA EN "L"	1
CONECTOR USB TIPO B RECEPTACULO	1
PUSHBUTTON DE 4 PINES (c/ vástago mediano)	1
DIODO ZENER DE 3.3V (1N746)	2
JUMPER	4

Tabla 2.2: Componentes

4. Diagrama Eléctrico

En la Figura 2.1 se muestra el esquemático de las conexiones de la tarjeta Pazuino.

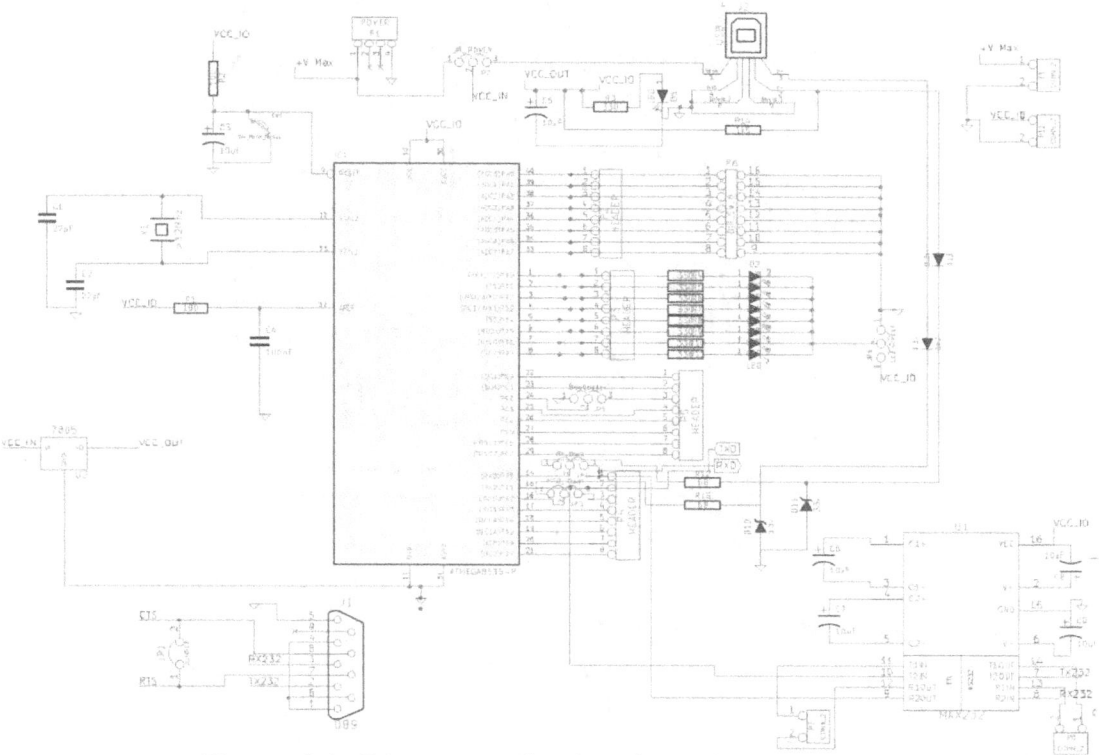

Figura 2.1: Diagrama Elétrico de Tarjeta Pazuino

5. Diseño de Placa de Circuitos Impresos

En la Figura 2 y 3 se muestra el diseño de pistas del PCB del Pazuino.

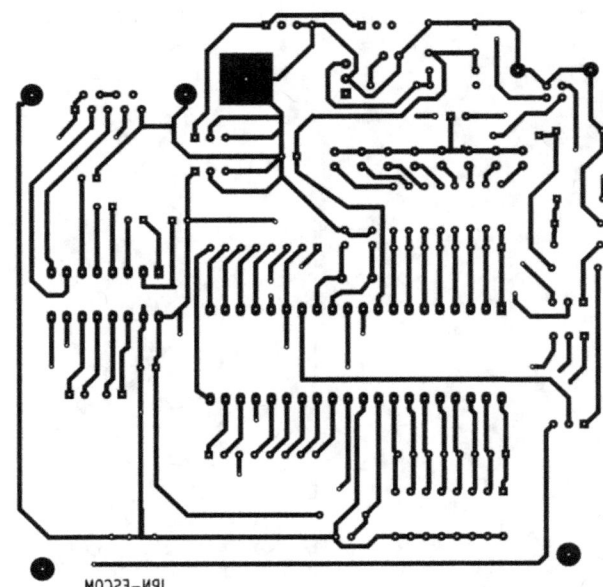

Figura 2: Pistas del lado soldaduras

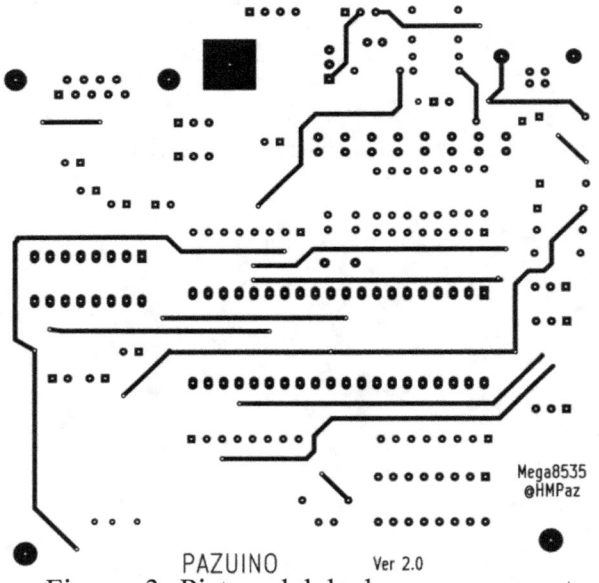

Figura 3: Pistas del lado componentes.

6. Modelo Final 3D

En la Figura 4 se puede apreciar el modelo 3D de la tarjeta Pazuino una vez armada.

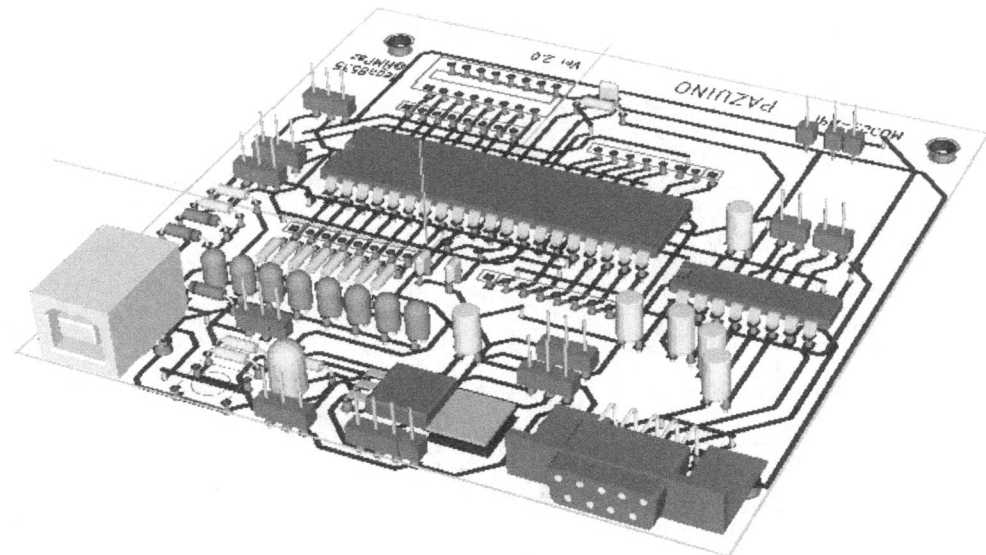

Figura 4: Modelo 3D Pazuino

7. Desarrollo

En este apartado se expondrán los pasos necesarios a seguir para la utilización de la tarjeta Pazuino.

7.1. Ensamblado de la Tarjeta

1. Durante el montaje de los componentes deberá seguir un orden:
    1.1. Primero colocar y soldar los alambres que unen las pistas de los 2 lados de la placa.
    1.2. Enseguida se colocan resistores, capacitores, diodos, leds, headers y minidip.
    1.3. Después se coloca el botón de reset, bases de chips y conectores DB-9 y USB,

2. Utilizando un multímetro y ANTES EL MEGA 8535, medir los siguientes voltajes:

Max-232	pin 2	pin 6	pin 15	pin 16
V	~+8 v	~-8 v	+5 v	0 v

Mega8535	pin 9	pin 10	pin 11	pin 30	pin 31	pin 32
V	+5 v	+5 v	0 v	+5 v	0 v	+5 v

NOTA - Al medir el pin 9 (Reset) presiones el boton de reset, la lectura debe cambiar a 0 V, al soltar el boton el voltaje debe subir de Nuevo a 5 v.

3. Primero programe el BOOTLOADER en el Mega8535 y programe también los fusibles.

4. Ahora coloque firmemente el Mega 8535. Fije los jumpers. Conecte la tarjeta a la PC e instale los drivers (7.3)

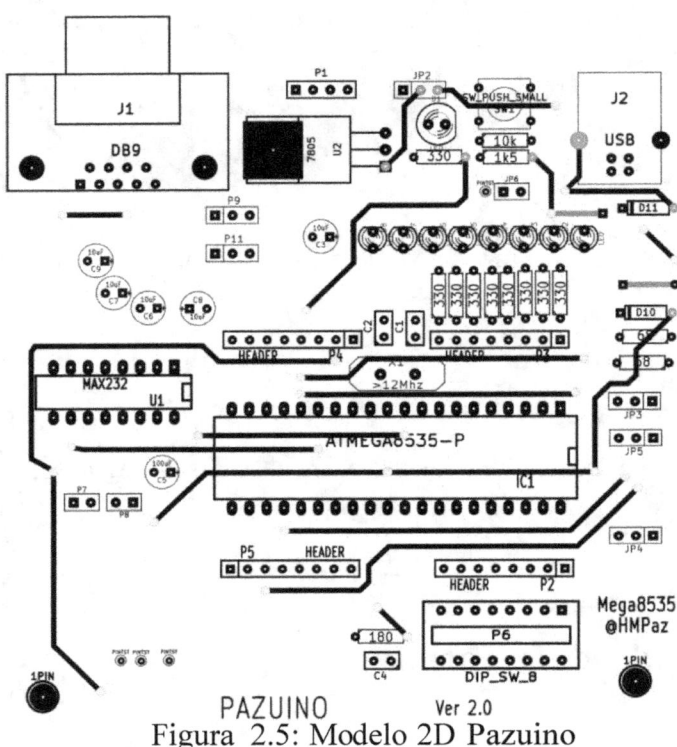

Figura 2.5: Modelo 2D Pazuino

7.2. Programación de Bootloader

1. Utilizando un programador de dispositivos AVR, se carga el archivo Bootloader.hex de la carpeta Bootloader en el Software del mismo, así como la configuración de los fusibles internos del microcontrolador; en su parte ALTA con un valor hexadecimal de $C8 y en su parte BAJA con $DF como se muestra la Figura 6.

2. Primero se deberá programar el microcontrolador con el archivo bootloader.hex

3. Posteriormente se configuran los fusibles internos $C8DF

LOW = $DF

BODLEVEL	BODEN	SUT 1	SUT 0	CKSEL 3	CKSEL 2	CKSEL 1	CKSE1L0
1 (DISABLE)	1 (DISABLE)	0(ENABLE)	1 (DISABLE)	1 (DISABLE)	1(DISABLE)	1(DISABLE)	1(DISABLE)

HIGH = $C8

S8535C	WDTON	SPIEN	CKOPT	EESAVE	BOOTSZ 0	BOOTSZ 1	BOOTRST
1(DISABLE)	1(DISABLE)	0(ENABLE)	0(ENABLE)	1(DISABLE)	0(ENABLE)	0(ENABLE)	0(ENABLE)

Figura 6: Configuración de Fusibles para Microcontrolador

7.3. Instalación de Drivers

1. Con un cable U S B s e conecta la tarjeta, del conector USB de la misma a la computadora.
   NOTA – Asegúrese que los jumpers se encuentren colocados en el modo PROGRAMACIÓN.

2. Ir a Propiedades del sistema, se selecciona la pestaña Hardware y se da click en la opción Administrador de dispositivos.

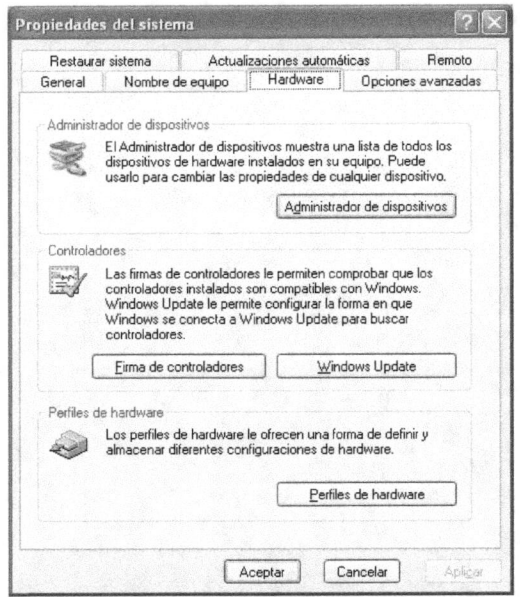

Figura 7: Pantalla de Propiedades del sistema

3. Al ser la primera vez el Administrador de dispositivos marcar el dispositivo AVRUSB-Boot de la siguiente manera.

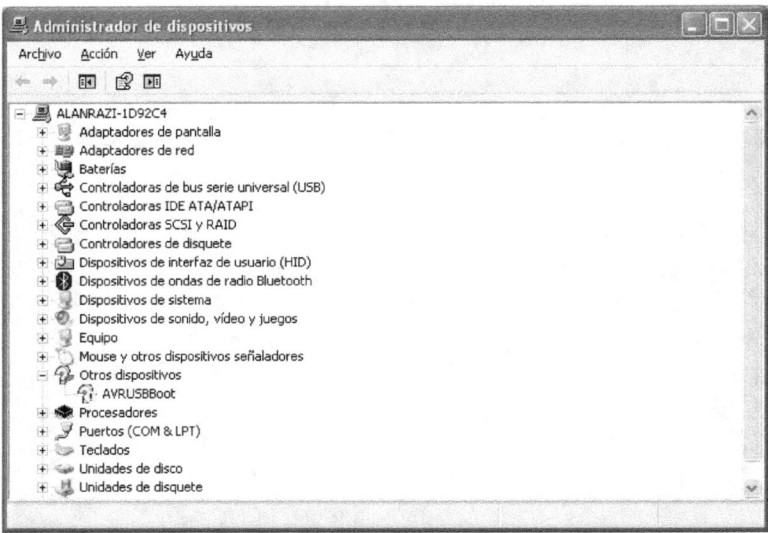

Figura 8: Pantalla de Administrador de dispositivos

4. Dar Click derecho sobre el dispositivo AVRUSBBoot y seleccionar Actualizar con trolador.

5. Una vez abierto el Asistente para actualización de hardware seleccionamos No por el momento, posteriormente seleccionamos Instalar desde una lista o ubicación especfica y dar Click en siguiente.

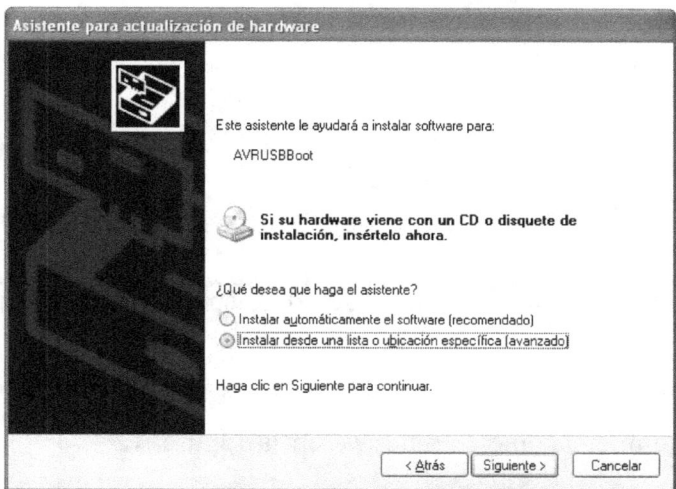

Figura 9: Pantalla de Asistente para actualización de hardware

6. Verificar que solo este seleccionada la casilla de ubicación específica, buscamos la ruta donde se encuentre la carpeta correspondiente, conforme al sistema operativo deseado.

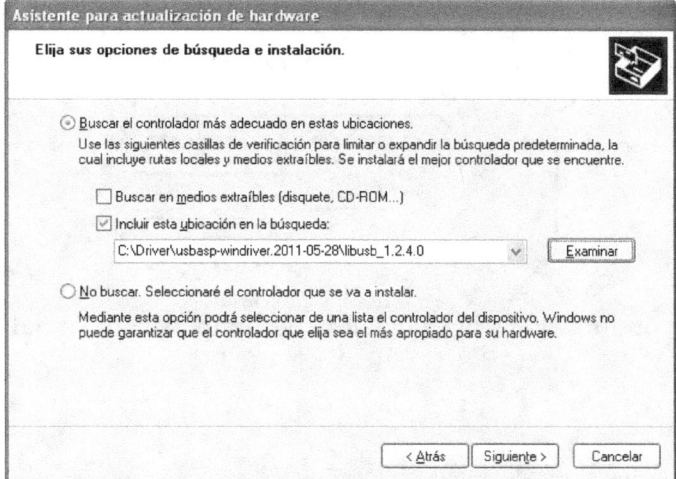

Figura 10: Pantalla de selección de la carpeta del Driver

7. Una vez terminada la instalación del Driver, el Administrador de dispositivos lo Mostrar de la siguiente manera y quedar listo para autoprogramarse.

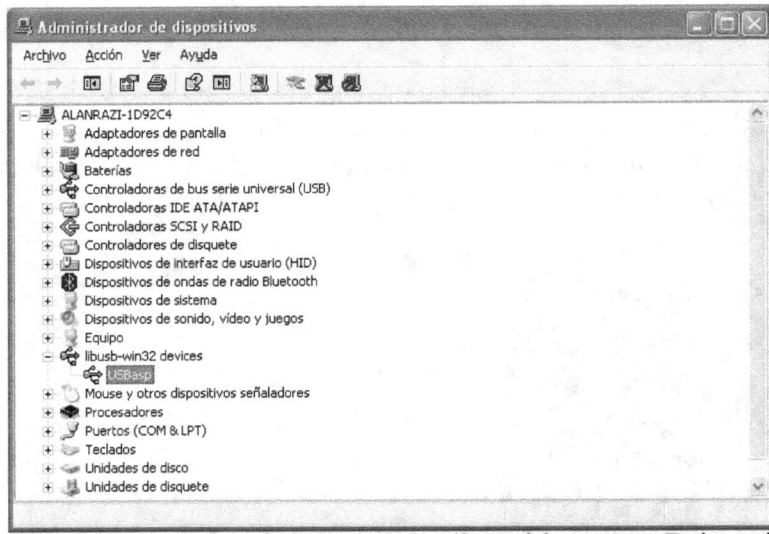

Figura 11: Pantalla de Administrador de dispositivos con Driver instalado

7.4. Programación

1. Colocar los jumpers como se muestra en la Figura 12.

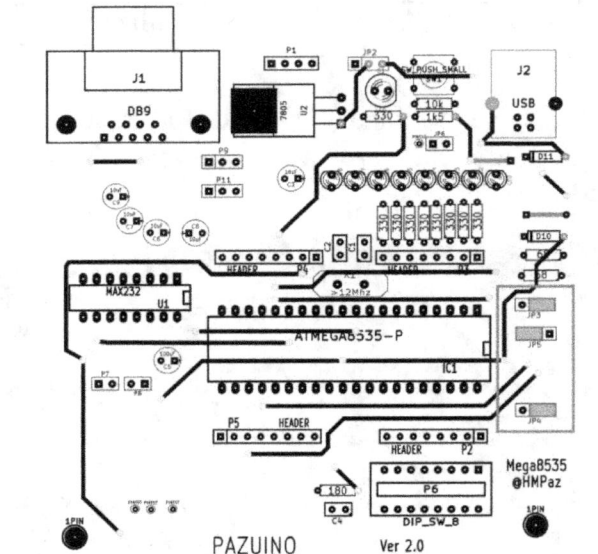

Figura 12: Configuración de jumpers en modo PROGRAMACIÓN.

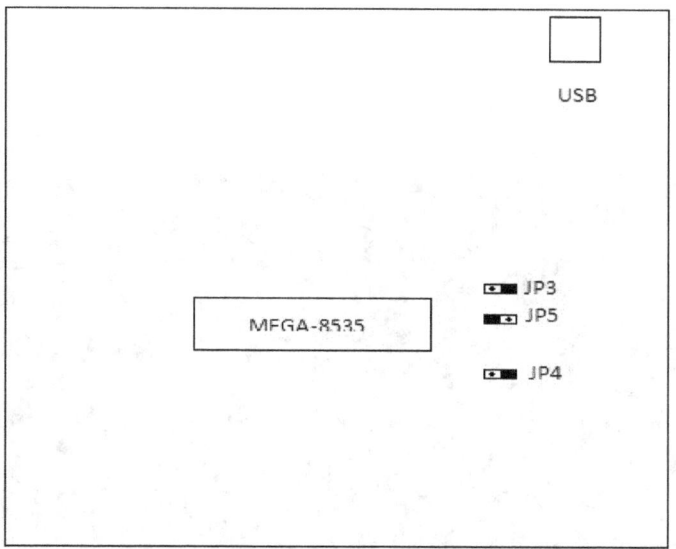

Configuración de los jumpers en modo programación.

2. Conectar el puerto USB de la tarjeta a la computadora.

3. Colocar el archivo .hex generado por el AVRstudio, dentro de la carpeta AVRBoot.

4. Abrir la consola de Windows, ubicarse en la carpeta AVRBoot y escribir el comando
   avrusbboot archivo.hex

   NOTA - El nombre del archive.hex no deberá exceder los 8 caracteres, por lo que si este fuera mayor, se recomienda renombrarlo.

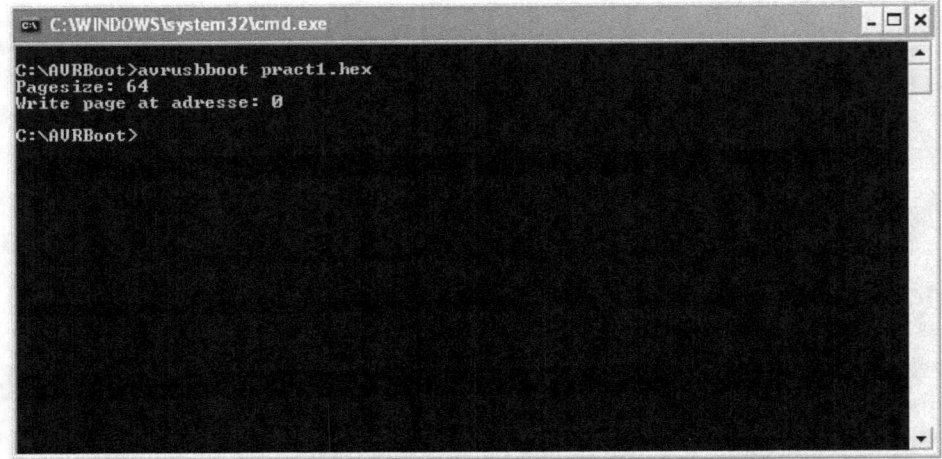

Figura .13: Pantalla de archivo programado en Pazuino

7.5. Aplicación

1. Después de cargar el programa deseado, colocar los jumpers en modo aplicación, tal y como se muestra en la Figura 14.

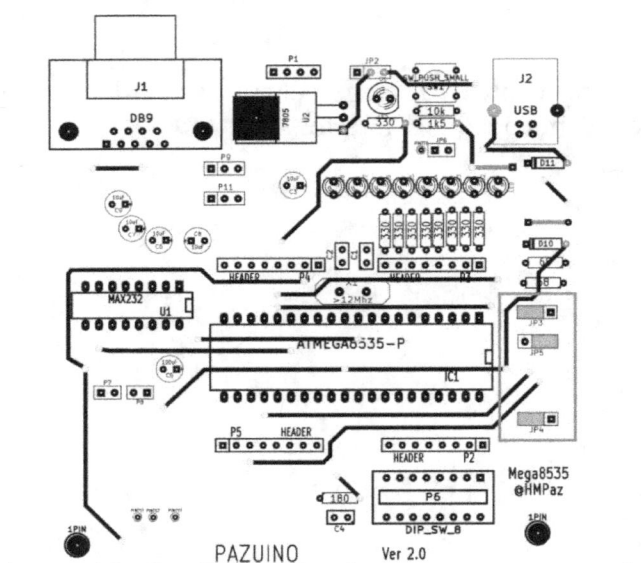

Figura 14: Configuración de jumpers en modo APLICACIÓN

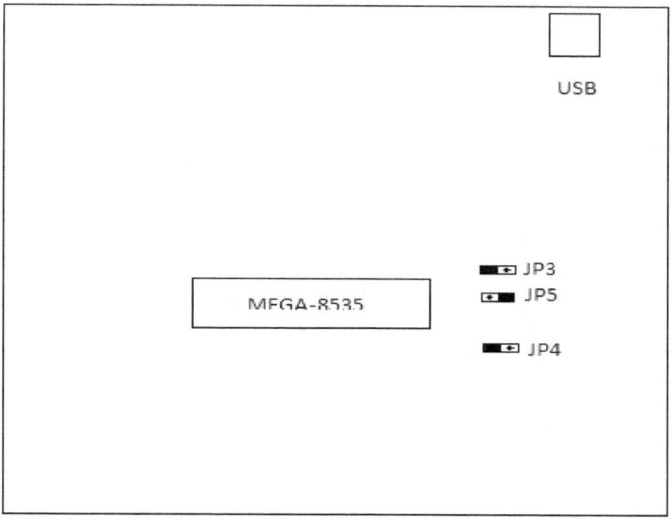

Configuración de los jumpers en modo APLICACIÓN.

2. Presionar botón de reset.

No olvide colocar los 3 jumpers de programación en la configuración correcta asi como cambiarlos al modo aplicación, para ejecutar su código.

Si tiene duda sobre el funcionamiento de su tarjeta y/o de algún programa, reinstale los programas básicos de prueba, con la finalidad de comprobar el buen funcionamiento de la misma.